Lothar Fietkau

Zauberketten aus Papier

bunte Falt- und Reihenschnitte

CHRISTOPHORUS
BRUNNEN-REIHE

Seit mehr als 30 Jahren steht der Name „Christophorus“ für kreatives und künstlerisches Gestalten in Freizeit und Beruf. Genauso wie dieser Band der Brunnen-Reihe ist jedes Christophorus-Buch mit viel Sorgfalt erarbeitet: Damit Sie Spass und Erfolg beim Gestalten haben – und Freude an schönen Ergebnissen.

ISBN 3-419-55941-0

4. Auflage 1998

Lektorat: Maria Möllenkamp, Freiburg
Styling und Fotos: Christoph Schmotz, Freiburg
Reinzeichnungen: Uwe Stohrer, Freiburg
Umschlaggestaltung: Network!, München
Produktion: Print Production, Umkirch
Druck: Freiburger Graphische Betriebe, 1998

Christophorus
Bücher mit Ideen

Inhalt

Zauberketten aus Papier

Simsalabim: Wie von Zauberhand entstehen in fröhlicher Reihe Fische, Schwäne, Seepferdchen, Sonne, Mond und Sterne, bunte Blumen, Drachen, Schneemänner und noch vieles mehr. Hier finden Sie lustige Ornamente für jedes Kinderfest, als Schmuck für die Wand und für das Fenster. Aber auch tolle Ideen zur Verzierung von Grußkarten sind dabei.
Die Technik ist kinderleicht:
Ein Papierstreifen wird wie eine Ziehharmonika gefaltet. Das Motiv wird einmal vom Vorlagenbogen übertragen und ausgeschnitten. Auseinandergefaltet entsteht die lange Reihe. Wie's ganz genau geht, wird auf Schritt-für-Schritt-Fotos gezeigt. Die Vorlagen sind in Originalgröße übersichtlich auf dem beigehefteten Bogen angeordnet.
Mit einem Streifen Papier, mit Schere und Klebstoff kann es also gleich losgehen.

Viel Spaß beim Ausschneiden
wünscht Ihnen

Die Technik

❶ Einen Streifen Papier in der angegebenen Breite zuschneiden. Das Motiv vom Vorlagenbogen mit einem Bleistift auf Transparentpapier pausen und auf den Anfang des Streifens übertragen. Dazu die abgepauste Form entweder mit einem Bleistift nachzeichnen und durchdrücken oder das Transparentpapiermotiv auf Tonkarton kleben, ausschneiden und diese Schablone nachzeichnen.

Material

- **Tonpapier**
- **Regenbogen-Tonpapier**
- **Buntpapier**
- **Regenbogen-Buntpapier**

❷ Den Streifen an der gestrichelten Linie in der Motivbreite zu einer Ziehharmonika falten. Die Knicklinien evtl. mit Lineal und Schere anritzen. Die Kanten des Streifens müssen beim Falten immer genau übereinander liegen.

❸ Das Motiv ausschneiden und den Papierstreifen vorsichtig auseinanderfalten.

Hilfsmittel

- Schere
- Bleistift
- Lineal
- Transparentpapier
- Tonkarton
- Klebstoff
- Locher
- Filzstift in Schwarz
- Tacker

Jetzt können andersfarbige Motive übertragen, ausgeschnitten und aufgeklebt werden. Als Augen, Knöpfe, etc. werden Locherpunkte verwendet. Natürlich können Sie Details auch aufmalen.

Tip

Wenn Sie alle Lagen Papier außerhalb des Motivs mit dem Tacker zusammenhalten, verrutschen die einzelnen Schichten nicht und lassen sich leichter schneiden.

Karneval

Vorlagen

- Masken 1
- Clowns 2
- Gespenster 3a/b

Material

Masken

- Tonpapier in Lila, Blau

Clowns

- Regenbogen-Buntpapier

Gespenster

- Tonpapier in Weiß, Grau

Masken

Einen 13 cm breiten Streifen aus lila Tonpapier schneiden. Das Motiv übertragen, den Streifen in 8 cm breite Abschnitte falten. Die Masken ausschneiden und den Streifen auffalten. Augen aus blauem Tonpapier aufkleben.

Clowns

Einen 15 cm breiten Streifen aus Regenbogen-Buntpapier schneiden. Das Motiv übertragen und den Streifen in 10 cm breite Abschnitte falten. Die Clowns ausschneiden und den Streifen auffalten.

Gespenster

Einen 11 cm breiten Streifen aus weißem Tonpapier schneiden. Das Motiv übertragen und den Streifen in 9 cm breite Abschnitte falten. Die Gespenster ausschneiden und den Streifen auffalten. Für die Mauer einen 4,5 cm breiten Streifen aus grauem Tonpapier schneiden. Darauf das Mauermotiv übertragen und den Streifen dann in 18 cm breite Abschnitte falten. Die Mauer ausschneiden und den Streifen auffalten. Die Geister auf die Mauer kleben. Zum Schluß noch Gesichter und Steine mit schwarzem Filzstift aufmalen.

Hasen und Hühner

Vorlagen

- springende Hasen 4
- Hasen mit Korb 5
- Hühner 6

Material

springende Hasen

- Tonpapier in Hellbraun, Hellgrün, Weiß

Hasen mit Korb

- Tonpapier in Braun
- Regenbogen-Buntpapier

Hühner

- Regenbogen-Tonpapier

Springende Hasen

Einen 18 cm breiten Streifen aus hellbraunem Tonpapier schneiden. Das Motiv übertragen und den Streifen in 17,5 cm breite Abschnitte falten. Die Hasen ausschneiden und den Streifen auffalten. Einen 3 cm breiten Streifen aus hellgrünem Tonpapier schneiden. Den Grasstreifen übertragen, falten (auch 17,5 cm breit), ausschneiden und aufkleben. Schwänzchen und Ohren aus weißem Tonpapier aufkleben. Ebenso die Augen aus schwarzen Locherpunkten.

Hasen mit Korb

Einen 13 cm breiten Streifen aus braunem Tonpapier schneiden. Das Motiv übertragen und den Streifen in 18,5 cm breite Abschnitte falten. Die Hasen ausschneiden und den Streifen auffalten. Die Eier im Korb aus einem schmalen Streifen Regenbogen-Buntpapier ausschneiden und aufkleben, ebenso weiße Locherpunkte als Augen.

Hühner

Einen 12 cm breiten Streifen aus Regenbogen-Tonpapier zuschneiden. Das Motiv übertragen und den Streifen in 21 cm breite Abschnitte falten. Die Hühner ausschneiden und den Streifen auffalten. Blaue Locherpunkte als Augen aufkleben.

Herzen

Vorlagen

- rote Herzen 11
- gelbe Herzen 12
- bunte Herzen 13

Material

rote Herzen

- Tonpapier in Rot

gelbe Herzen

- Tonpapier in verschiedenen Farben

bunte Herzen

- Regenbogen-Tonpapier

Rote Herzen

Einen 11 cm breiten Streifen aus rotem Tonpapier schneiden. Das Motiv übertragen und den Streifen in 7 cm breite Abschnitte falten. Die Herzen ausschneiden und den Streifen auffalten.

Gelbe Herzen

Einen 11 cm breiten Streifen aus gelbem Tonpapier schneiden. Das Motiv übertragen und den Streifen in 28,5 cm breite Abschnitte falten. Die Herzen ausschneiden und den Streifen auffalten. Einzelne Herzen aus Tonpapier in verschiedenen Farben aufkleben.

Bunte Herzen

Einen 10 cm breiten Streifen aus Regenbogen-Tonpapier schneiden. Das Motiv übertragen und den Streifen in 19 cm breite Abschnitte falten. Die Herzen ausschneiden und den Streifen auffalten.

Im Wasser

Vorlagen
- Schwäne 14
- Delphine 15
- Fische 16
- Seepferdchen 17

Material

Schwäne
- Regenbogen-Tonpapier

Delphine
- Tonpapier in Türkis

Fische
- Regenbogen-Tonpapier

Seepferdchen
- Tonpapier in Lila

Schwäne

Einen 12 cm breiten Streifen aus Regenbogen-Tonpapier, oben violett, unten weiß, schneiden. Das Motiv übertragen und den Streifen dann in 11 cm breite Abschnitte falten. Die Schwäne ausschneiden und den Streifen auffalten. Augen aus blauen Locherpunkten aufkleben.

Delphine

Einen 12 cm breiten Streifen aus türkisfarbenem Tonpapier schneiden. Das Motiv übertragen und den Streifen in 23 cm breite Abschnitte falten. Die Delphine ausschneiden und den Streifen auffalten. Für die Augen weiße Locherpunkte aufkleben.

Fische

Einen 14 cm breiten Streifen aus Regenbogen-Tonpapier schneiden. Das Motiv übertragen und den Streifen in 9 cm breite Abschnitte falten. Die Fische ausschneiden und den Streifen auffalten. Augen aus weißen Locherpunkten aufkleben.

Seepferdchen

Einen 14 cm breiten Streifen aus Tonpapier in Lila schneiden. Das Motiv übertragen und den Streifen in 10 cm breite Abschnitte falten. Die Seepferdchen ausschneiden und den Streifen auffalten. Weiße Locherpunkten als Augen aufkleben.

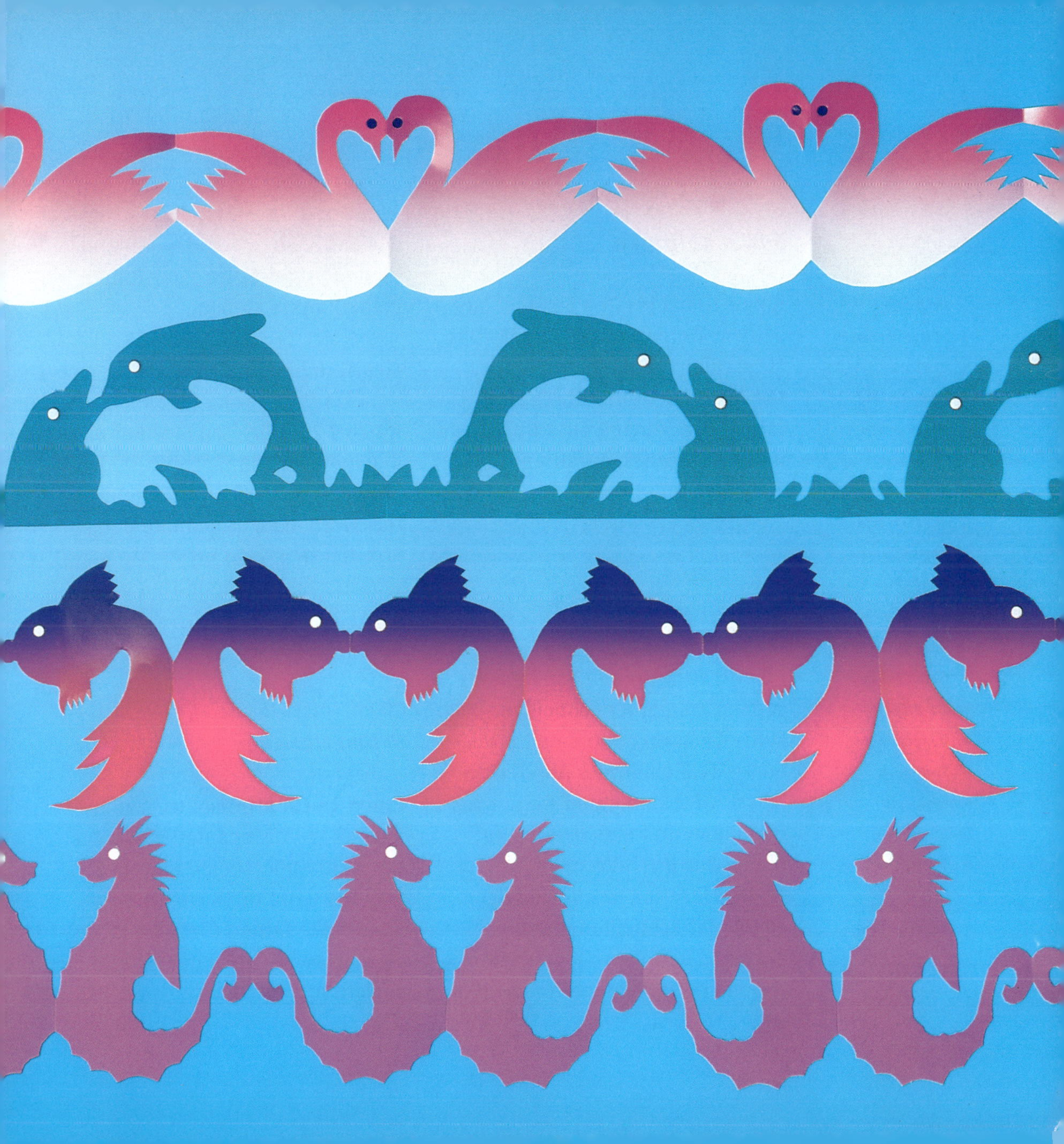

Bunte Blumen

Vorlagen

- Schmetterlinge 18
- Sonnenblumen 19
- große Blüten 20
- Blumen und Gießkannen 21

Material

Schmetterlinge

- Regenbogen-Tonpapier

Sonnenblumen

- Tonpapier in Gelb, Braun

große Blüten

- Regenbogen-Tonpapier

Blumen und Gießkannen

- Tonpapier in Gelb
- Regenbogen-Tonpapier

Sonnenblumen

Einen 12 cm breiten Streifen aus gelbem Tonpapier schneiden. Das Motiv übertragen und den Streifen in 10 cm breite Abschnitte falten. Die Blumen ausschneiden und den Streifen auffalten. Die Mitte der Blüten mit braunem Tonpapier gestalten.

Blumen und Gießkannen

Einen 13 cm breiten Streifen aus gelbem Tonpapier schneiden. Das Motiv übertragen und den Streifen in 24,5 cm breite Abschnitte falten. Gießkanne und Blüten ausschneiden und den Streifen auffalten. Für die Blüten einen 5 cm breiten Streifen aus Regenbogen-Tonpapier schneiden und die Blüten übertragen. Den Streifen in 5 cm breite Abschnitte falten, das Motiv ausschneiden und aufkleben. Auf die Mitte der Blüten gelbe Punkte kleben.

Große Blüten

Einen 13 cm breiten Streifen aus Regenbogen-Tonpapier so schneiden, daß die Farben wechseln. Das Motiv übertragen und den Streifen in 5,5 cm breite Abschnitte falten. Die Blüten ausschneiden und den Streifen auffalten.

Schmetterlinge

Einen 15 cm breiten Streifen aus Regenbogen-Tonpapier schneiden. Das Motiv übertragen und den Streifen dann in 18 cm breite Abschnitte falten. Die Schmetterlinge ausschneiden, den Streifen auffalten.

Sonne, Mond und Sterne

Sonne mit Wolken

Einen 14,5 cm breiten Streifen aus gelbem Tonpapier schneiden. Das Motiv übertragen und den Streifen in 12 cm breite Abschnitte falten. Die Sonne ausschneiden und den Streifen auffalten. Einen 8 cm breiten Streifen aus hellblauem Tonpapier schneiden. Die Wolken übertragen und den Streifen in 12 cm breite Abschnitte falten. Das Motiv ausschneiden, den Streifen auffalten und die Wolken mal unter und mal auf die Sonnenstrahlen kleben.

Mond und Sterne

Einen 13 cm breiten Streifen aus Regenbogen-Tonpapier in Orangegelb schneiden. Das Motiv übertragen und den Streifen in 7,5 cm breite Abschnitte falten. Mond und Sterne ausschneiden und den Streifen auffalten. Als Augen rote Locherpunkte auf den Mond kleben.

Sterne

Einen 12 cm breiten Streifen aus gelbem Tonpapier schneiden. Das Motiv übertragen und den Streifen in 15,5 cm breite Abschnitte falten. Die Sterne ausschneiden und den Streifen auffalten.

Sonne

Einen 14 cm breiten Streifen aus Tonpapier in Orange schneiden. Das Motiv übertragen und den Streifen in 6,5 cm breite Abschnitte falten. Die Sonnen ausschneiden und den Streifen auffalten.

Vorlagen

- **Sonne mit Wolken 22a und 22b**
- **Mond und Sterne 23**
- **Sterne 24**
- **Sonne 25**

Material

Sonne mit Wolken

- **Tonpapier in Gelb, Hellblau**

Mond und Sterne

- **Regenbogen-Tonpapier**

Sterne

- **Tonpapier in Gelb**

Sonne

- **Tonpapier in Orange**

Auf dem Bauernhof

Vorlagen

- Schweine 26
- Entenfamilie 27
- Kühe 28
- Dorf 29

Material

Schweine

- Tonpapier in Rosa

Entenfamilie

- Tonpapier in Gelb, Hellgrün

Kühe

- Tonpapier in Weiß, Braun

Dorf

- Tonpapier Dunkelrot, Hellgrün, Dunkelgrün

Schweine

Einen 8 cm breiten Streifen aus rosa Tonpapier schneiden. Das Motiv übertragen und den Streifen in 14 cm breite Abschnitte falten. Die Schweine ausschneiden und den Streifen auffalten. Augen aus braunen Locherpunkten aufkleben.

Dorf

Einen 11 cm breiten Streifen aus dunkelrotem Tonpapier schneiden. Das Motiv übertragen und den Streifen in 28 cm breite Abschnitte falten. Das Dorf ausschneiden und den Streifen auffalten. Baumkronen aus dunkelgrünem Tonpapier ausschneiden, den Grasstreifen aus einem 3 cm breiten Steifen Tonpapier in Hellgrün. Baumkronen und Grasstreifen aufkleben.

Entenfamilie

Einen 12 cm breiten Streifen aus gelbem Tonpapier schneiden. Das Motiv übertragen und den Streifen in 16,5 cm breite Abschnitte falten. Die Enten ausschneiden und den Streifen auffalten. Den Wiesenstreifen aus hellgrünem Tonpapier, 3 cm breit, ausschneiden. Augen mit Filzstift aufmalen.

Kühe

Jeweils einen 13 cm breiten Streifen aus weißem und braunem Tonpapier schneiden. Das Motiv übertragen und die Streifen in 20 cm breite Abschnitte falten. Die Kühe ausschneiden und die Streifen auffalten. Aus den braunen Kühen beliebige Formen ausschneiden und an der jeweiligen Stelle auf die weißen Kühe kleben.

Kuscheltiere

Vorlagen

- **Hunde 30**
- **Katzen 31**
- **Elefanten 32**
- **Bären 33**

Material

Hunde

- **Tonpapier in Weiß**

Katzen

- **Tonpapier in Dunkelbraun, Rot**

Elefanten

- **Tonpapier in Hellgrau, Dunkelgrau**

Bären

- **Tonpapier in Hellbraun, Hellgrün**
- **Regenbogen-Tonpapier**

Hunde

Einen 11 cm breiten Streifen aus weißem Tonpapier schneiden. Das Motiv übertragen und den Streifen in 11 cm breite Abschnitte falten. Die Hunde ausschneiden und den Streifen auffalten. Augen aus braunen Locherpunkten aufkleben.

Elefanten

Jeweils einen 12 cm breiten Streifen aus hellgrauem und dunkelgrauem Tonpapier schneiden. Das Motiv übertragen und die Streifen in 30 cm breite Abschnitte falten. Die Elefanten ausschneiden und den Streifen auffalten. Eine Elefantenreihe umdrehen. Augen aus weißen Locherpunkten aufkleben und die Elefantenreihen, wie es auf der Abbildung zu sehen ist, aufeinanderkleben.

Katzen

Einen 15 cm breiten Streifen aus dunkelbraunem Tonpapier schneiden. Das Motiv übertragen und den Streifen in 10,5 cm breite Abschnitte falten. Die Katzen ausschneiden und den Streifen auffalten. Die Herzen aus einem 5 cm breiten Streifen roten Tonpapiers ausschneiden und aufkleben.

Bären

Einen 12 cm breiten Streifen aus hellbraunem Tonpapier schneiden. Das Motiv übertragen und den Streifen in 12 cm breite Abschnitte falten. Die Bären ausschneiden und den Streifen auffalten. Den Grasstreifen aus hellgrünem Tonpapier, 3 cm breit, ausschneiden, die Bälle aus Regenbogen-Tonpapier. Gras und Bälle aufkleben.

Autos, Zug und Boote

Autos

Einen 9 cm breiten Streifen aus Regenbogen-Tonpapier schneiden. Das Motiv übertragen und den Streifen in 15 cm breite Abschnitte falten. Die Autos ausschneiden und den Streifen auffalten.

Zug

Einen 14,5 cm breiten Streifen aus lila Tonpapier schneiden. Das Motiv übertragen und den Streifen hinter der Lok in 10,5 cm breite Abschnitte falten. Den Zug ausschneiden und den Streifen auffalten. Für die Fenster kleine Rechtecke in verschiedenen Farben aus Tonpapier ausschneiden und aufkleben.

Boote

Einen 14 cm breiten Streifen aus blaugelbem Regenbogen-Tonpapier schneiden. Das Motiv übertragen und den Streifen in 14 cm breite Abschnitte falten. Die Boote ausschneiden und den Streifen auffalten.

Vorlagen

- **Autos 34**
- **Zug 35**
- **Boote 36**

Material

Autos

- **Regenbogen-Tonpapier**

Zug

- **Tonpapier in Lila**
- **Tonpapier-Reste in verschiedenen Farben**

Boote

- **Regenbogen-Tonpapier in Blau/Gelb**

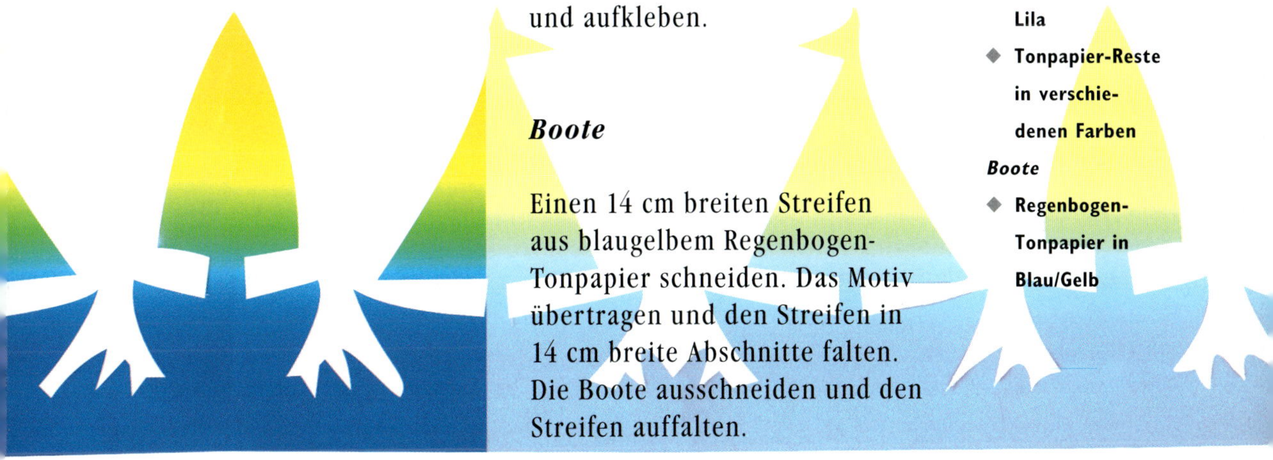

Im Wald

Vorlagen

- **Eichhörnchen 37**
- **Schneetannen 38**
- **Pilze 39**
- **Wald 40a und 40b**

Material

Eichhörnchen

- **Tonpapier in Braun**

Schneetannen

- **Tonpapier in Weiß**

Pilze

- **Regenbogen-Tonpapier**

Wald

- **Tonpapier in Dunkelgrün, Hellgrün**

Eichhörnchen

Einen 12 cm breiten Streifen aus braunem Tonpapier schneiden. Das Motiv übertragen und den Streifen in 9 cm breite Abschnitte falten. Die Eichhörnchen ausschneiden und den Streifen auffalten. Augen aus weißen Locherpunkten aufkleben.

Schneetannen

Einen 11,5 cm breiten Streifen aus weißem Tonpapier schneiden. Das Motiv übertragen und den Streifen in 14,5 cm breite Abschnitte falten. Die Tannen ausschneiden und den Streifen auffalten.

Pilze

Einen 11 cm breiten Streifen aus Regenbogen-Tonpapier schneiden. Das Motiv übertragen und den Streifen in 11,5 cm breite Abschnitte falten. Die Pilze ausschneiden und dann den Streifen auffalten.

Wald

Einen 11,5 cm breiten Streifen aus dunkelgrünem Tonpapier schneiden. Das Motiv übertragen und den Streifen in 23 cm breite Abschnitte falten. Die Bäume ausschneiden und den Streifen auffalten. Für das Gras einen 4,5 cm breiten Streifen aus hellgrünem Tonpapier schneiden. Das Grasmotiv 40b übertragen, ausschneiden und unter die Bäume kleben.

Es wird Herbst

Drachen

Einen 15 cm breiten Streifen aus gelbem Tonpapier schneiden. Das Motiv übertragen und den Streifen in 10 cm breite Abschnitte falten. Die Drachen ausschneiden und den Streifen auffalten. Augen, Münder und Schleifchen aus Tonpapier in verschiedenen Farben ausschneiden und aufkleben.

Kürbisse

Einen 11,5 cm breiten Streifen aus Tonpapier in Orange schneiden. Das Motiv übertragen und den Streifen in 7 cm breite Abschnitte falten. Die Kürbisse ausschneiden und den Streifen auffalten. Augen aus braunem Tonpapier aufkleben.

Äpfel und Birnen

Einen 13,5 cm breiten Streifen aus Regenbogen-Tonpapier in Gelb/-Grün schneiden. Das Motiv übertragen und den Streifen in 12 cm breite Abschnitte falten. Das Obst ausschneiden und den Streifen auffalten.

Igel

Einen 10 cm breiten Streifen aus Regenbogen-Tonpapier ausschneiden. Das Motiv übertragen und den Streifen in 11 cm breite Abschnitte falten. Die Igel ausschneiden und den Streifen auffalten.

Vorlagen

- **Drachen 41**
- **Kürbisse 42**
- **Äpfel und Birnen 43**
- **Igel 44**

Material

Drachen

- **Tonpapier in Gelb**
- **Tonpapier-Reste in verschiedenen Farben**

Kürbisse

- **Tonpapier in Orange, Braun**

Äpfel und Birnen

- **Regenbogen-Tonpapier in Gelb/Grün**

Igel

- **Regenbogen-Tonpapier**

Advent und Weihnachten

Vorlagen

- **Plätzchen 45**
- **Schnee-männer 46**
- **Kerzen 47**
- **Sterne 48**

Material

Plätzchen

- **Tonpapier in Braun**

Schneemänner

- **Tonpapier in Weiß, Braun, Orange**

Kerzen

- **Tonpapier in Dunkelgrün, Rot, Gelb**

Sterne

- **Tonpapier in Gelb**

Plätzchen

Einen 12 cm breiten Streifen aus braunem Tonpapier schneiden. Das Motiv übertragen und den Streifen in 19,5 cm breite Abschnitte falten. Die Plätzchen ausschneiden und den Streifen auffalten. Mit bunten Locherpunkten verzieren.

Schneemänner

Einen 17 cm breiten Streifen aus weißem Tonpapier schneiden. Das Motiv übertragen und den Streifen in 12,5 cm breite Abschnitte falten. Die Schneemänner ausschneiden und den Streifen auffalten. Hüte, Besen, Nasen, Augen und Knöpfe ausschneiden, aufkleben.

Kerzen

Einen 14 cm breiten Streifen aus dunkelgrünem Tonpapier schneiden. Das Motiv übertragen und den Streifen in 15 cm breite Abschnitte falten. Die Kerzen ausschneiden und den Streifen auffalten. Kerzen und Flammen aus rotem beziehungsweise gelbem Tonpapier ausschneiden und aufkleben.

Sterne

Einen 8 cm breiten Streifen aus Tonpapier in Gelb schneiden. Das Motiv übertragen und den Streifen in 13,5 cm breite Abschnitte falten. Die Sterne ausschneiden und den Streifen auffalten.

Neben dieser Auswahl aus der Brunnen-Reihe haben wir noch viele andere Bücher im Programm. Wir informieren Sie gerne - fordern Sie einfach unsere neuen Prospekte an:

- Bücher für Ihre Kinder: Basteln, Spielen und Lernen mit Kindern
- Bücher für Ihre Hobbys: Stoff und Seidenmalerei, Malen und Zeichnen, Keramik, Floristik
- Bücher zum textilen Handarbeiten: Sticken, Häkeln und Patchwork

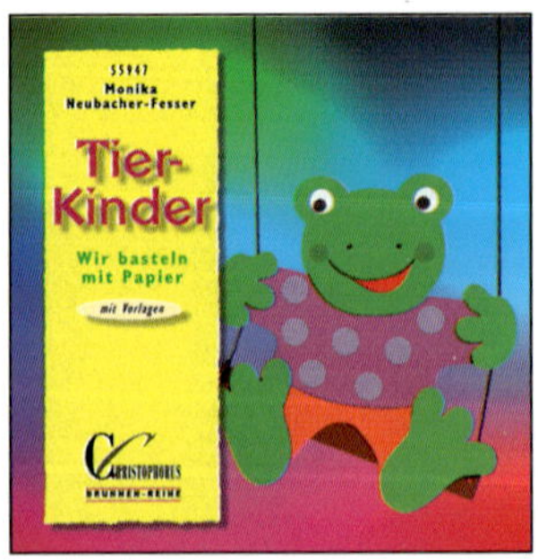

Wir sind für Sie da, wenn Sie Fragen zu AutorInnen, Anleitungen oder Materialien haben. Und wir interessieren uns für Ihre eigenen Ideen und Anregungen. Faxen, schreiben Sie oder rufen Sie uns an. Wir hören gerne von Ihnen! Ihr Christophorus-Verlag

Hermann-Herder-Str. 4 / 79104 Freiburg i. Breisgau

CHRISTOPHORUS
Bücher mit Ideen

Tel: 0761/2717-268 oder Fax: 0761/2717-35